BEI GRIN MACHT SICH IHR WISSEN BEZAHLT

- Wir veröffentlichen Ihre Hausarbeit,
  Bachelor- und Masterarbeit

- Ihr eigenes eBook und Buch -
  weltweit in allen wichtigen Shops

- Verdienen Sie an jedem Verkauf

Jetzt bei www.GRIN.com hochladen
und kostenlos publizieren

Bibliografische Information der Deutschen Nationalbibliothek:

Die Deutsche Bibliothek verzeichnet diese Publikation in der Deutschen National-bibliografie; detaillierte bibliografische Daten sind im Internet über http://dnb.d-nb.de/ abrufbar.

Impressum:

Copyright © 2018 GRIN Verlag
Druck und Bindung: Books on Demand GmbH, Norderstedt Germany
ISBN: 9783668813151

Dieses Buch bei GRIN:

https://www.grin.com/document/443089

Elena Schreer

Meeresspiegelanstieg und Küstenerosion. Anpassungsstrategien gegenüber Gezeitenhochwasser in Semarang

GRIN Verlag

Universität zu Köln

Geographisches Institut

Wirtschaftgeographie und Globaler Süden

Mittelseminar: Naturrisiken und Regionalentwicklung in Indonesien

SoSe 2018

Meeresspiegelanstieg und Küstenerosion

Anpassungsstrategien gegenüber Gezeitenhochwasser in Semarang

Inhaltsverzeichnis

1. Einleitung

Mehr als 10 % der Weltbevölkerung leben in einem Gebiet, das weniger als zehn Meter über dem Meeresspiegel liegt. Die dort lebende Bevölkerung ist potentiellen Küstennaturgefahren ausgesetzt, wie beispielsweise Tsunamis, Starksturmereignissen, Überflutungen usw. Trotzdem lebt, aus verschiedenen Gründen, ein überprozentualer Anteil der Weltbevölkerung in diesen Gebieten. Küstenräume sind sowohl siedlungstechnisch als auch wirtschaftlich sehr bedeutend, andererseits sind sie jedoch durch die niedrige Lage und die Expositioniertheit gegenüber Küstennaturgefahren einem gewissen Risiko ausgesetzt.

Die Hafenstadt Semarang in Indonesien ist aufgrund ihrer Lage einem hohen Flutrisiko ausgesetzt und immer wieder von extremen Überschwemmungen betroffen. Die überwiegend anthropogen verursachten Landabsenkungen in diesem Gebiet führen zur Transgression der Küstenlinie, wodurch große Teile der Stadt permanent oder zumindest zeitweise überflutet werden. Aufgrund der geringen Ressourcen und Kapazitäten, die den Bewohnern dort zur Verfügung stehen, weisen diese Stadtgebiete eine erhöhte Vulnerabilität gegenüber Naturgefahren auf.

Im Rahmen dieser Hausarbeit soll untersucht werden, wie die betroffene Bevölkerung mit den Naturgefahren in Semarang umgeht und welche sozialen Anpassungsstrategien sie entwickelt haben. Dazu soll zunächst eine Verortung der Stadt Semarang erfolgen und allgemeine Daten und Informationen zur Stadt gegeben werden. Darauffolgend sollen die Ursachen der Gezeitenhochwasser in Semarang untersucht werden und die Frage beantwortet werden, wie betroffene Einwohner mit den Herausforderungen umgehen. Können sie sich vor den Gefahren schützen und wenn ja, wie? Welche Rolle spielen Regierung und NGO´s? In einem abschließenden Fazit sollen die maßgeblichen Erkenntnisse zusammengetragen und ein möglicher Ausblick in die Zukunft gegeben werden.

2. Ursachen der Gezeitenhochwasser in Semarang

Semarang ist die Hauptstadt Zentraljavas und liegt an der Nordküste der indonesischen Insel Java. Sie hat im Kerngebiet eine Bevölkerung von ca. 1,5 Mio. Einwohnern. Mit durchschnittlich 4.172 Einwohnern/km² weist die Stadt eine der höchsten Bevölkerungsdichten Javas auf.

Durch gezielte Messverfahren, auf die in dieser Arbeit nicht genauer eingegangen werden sollen, konnte belegt werden, dass es sich beim Meeresspiegelanstieg in Semarang um einen relativen Anstieg handelt. Demnach ändert sich nicht die Höhe des tatsächlichen Meeresniveaus, sondern die Landmasse sinkt ein (BOTT 2018: 5). Die Subsidenz ist unter anderem die Folge der hohen Bevölkerungsdichte von Semarang, die mit einem hohen Bebauungsgrad einhergeht. Dies führt zur Kompression von Sedimenten im Boden. Hinzukommt die hohe Grundwasserentnahme, die den noch jungen Boden weiter verdichtet. Insgesamt führt dies zu Landsenkungen von bis zu 15 cm/Jahr (ABIDIN et al. 2010: 2). Gut 5% des Stadtgebiets sind infolgedessen überflutungsgefährdet, da sie weniger als 1,26 m über dem mittleren Meeresspiegel liegen (HARWITASARI & VAN AST 2011).

Die städtische Bebauung reicht weit bis an die Küste heran. Industriegebiete, Infrastrukturereinrichtungen und Siedlungsbereiche liegen in direkten Risikogebieten. Die Flutlevels liegen in der Regel zwischen 20 cm bis maximal 60 cm. Die Gebiete im Nordwesten sind überwiegend vom Reisanbau und Fischfang geprägt und werden von Mangroven geschützt. Im Nordosten hingegen lebt eine recht arme, isolierte Bevölkerung, deren Straßen beinahe täglich von Tidenhochwasser geflutet werden (MARFAI &KING 2007: 653f.).

3. Naturgefahren, Vulnerabilität, Resilienz

Küstenregionen sind meist dichter besiedelt als kontinentale Regionen und, aufgrund ihrer Lage von Naturrisiken wie Überflutungen oder Starksturmereignissen, besonders gefährdet. Im Folgenden sollen die Begriffe Naturereignis, Naturrisiko und Naturgefahr kurz definiert und differenziert werden.

Unter einem Naturrisiko versteht man eine dem Naturereignis innewohnende Wahrscheinlichkeit des Eintretens, die Entscheidung des Individuums oder Kollektivs sich auf die eine oder andere Weise zu verhalten und mögliche Schäden in Kauf zu nehmen. Das Naturereignis wird als das tatsächliche Auftreten eines natürlichen Prozesses definiert. Naturgefahren wiederum sind natürliche Prozesse und Phänomene, die ein Schadenbringendes Ereignis hervorrufen können (DIKAU & POHL 2011).

Neben dem Risiko vor Küstennaturgefahren, sind die Stadtgebiete in Semarang anthropogenen Faktoren ausgesetzt, wie z.B. einer hohen Bebauungsdichte. Unter

Exponiertheit versteht man das Maß, die Dauer und/oder das Ausmaß einer Störung, der ein soziales, ökologisches oder ökonomisches System ausgesetzt ist (GALLOPIN 2006). Die Vulnerabilität, also der „Grad der Exponiertheit eines ökologischen, sozialen oder ökonomischen Systems angesichts eines endogenen oder exogenen Schocks" (TURNER et al. 2003), ist in Semarang hoch. Dies hängt unter anderem mit der geringen Resilienz der Bevölkerung zusammen. Also der „Fähigkeit von sozialen, ökologischen oder ökonomischen Systemen mit externen Schocks umzugehen, welche Folge einer sozialen, politischen oder ökologischen Störung sind" (ADGER 2000).

Dennoch unternehmen die einzelnen Haushalte in Semarang Versuche sich an die Überflutungssituationen in ihren Vierteln anzupassen und entwickeln Strategien, um mit dem Risiko umzugehen. Als Anpassung versteht man die „Änderung von ökologischen, sozialen oder ökonomischen Systemen als Folge von wahrgenommenen sozio-ökologischen Veränderungen und deren Einfluss, um negative Auswirkungen zu reduzieren oder davon zu profitieren" (ADGER et al. 2005).

4. Anpassungsstrategien

Um die Frage zu beantworten, wie die Bevölkerung mit den häufigen Überflutungen und der Subsidenz lebet, beziehe ich mich im Folgenden auf die Forschung einer wissenschaftlichen Mitarbeiterin des Geographischen Instituts in Köln - Frau Bott, die sich mit diesem Thema intensiv auseinandergesetzt hat.

In der Literatur findet man drei klassische Anpassungsstrategien, die Menschen in Bezug auf Küstennaturgefahren anwenden. Die erste ist der Rückzug. Die zweite ist der Schutz (z.B. Flutschutzsysteme, Deiche, usw.), wozu auch soggenannte Weicheschutzmethoden gezählt werden, wie z.B. die Mangrovenpflanzung. Die dritte Strategie nennt sich „accommodating". Auf Deutsch würde man es als „Leben mit den Fluten oder Leben mit dem Risiko" übersetzen. In letzterem Fall bleibt die Bevölkerung in der Risikoregion und erhält keinen permanenten Schutz, sondern versucht im Alltag einen Weg zu finden, mit dem Risiko umzugehen. Dabei können den Menschen bestimmte bauliche Dinge hilfreich sein, beispielsweise eine Erhöhung des Gebäudes, häufig sind es aber einfache Sozialpraktiken, durch die Menschen lernen mit dem Risiko umzugehen.

4.1. Rückzug

Die Methoden, die in der Untersuchung genutzt wurden, bestanden aus einem Methodenmix. .Die erste Methode, mit der 2016 begonnen wurde, kommt aus der qualitativen Forschung. Es wurden Interviews geführt, Protokolle und Transkripte anfertigt und diese im Anschluss ausgewertet. In dem Fall handelte es sich um Fokusgruppendiskussionen mit Gruppen von 6-10 Personen. Dieses Vorgehen machte es möglich neben einfachen Informationen, an die man beispielsweise durch ein Experteninterview gelangt, auch zusätzliche Informationen darüber zu erhalten, wie die Menschen miteinander interagieren, wie die Stimmung ist, wer den höheren Redeanteil hat und wer sich wie stark einbringt. Es werden also auch Machtstrukturdynamiken und soziale Dynamiken sichtbar.

Aufbauen auf die Fokusdiskussionen wurde im Jahr 2017 eine statistische Haushalsbefragung durchgeführt, was zum Teil der quantitativen Forschungsmethoden gehört. Es wurden Fragebögen entwickelt mit deren Hilfe Befragungen von insgesamt 650 Haushalten durchgeführt wurden. 330 davon lagen in Semarang selbst und 160 in Demak und Kendal, den Randgebieten der Stadt (BOTT 2018: 7).

In den Fragebögen wurden die Menschen unter anderem gefragt, ob sie in den nächsten fünf Jahren aufgrund von Fluten und Landabsenkung planen wegzuziehen. 94% der Bewohner wollten ihren Wohnstandort nicht aufgeben. Die Argumente dafür waren vielfältig. ¾ der Menschen, die befragt wurden, sind genau in dieser Nachbarschaft, oder zumindest im selben Ort geboren worden. Es gibt nur wenig Migration und es herrscht insgesamt eine große Sesshaftigkeit. Ein wichtiger Grund dafür ist der soziale Zusammenhalt in den Gemeinschaften. Es ist den Menschen sehr wichtig ihre Nachbarschaftsnetzwerke, Freundschaften und Kontakte in ihrer unmittelbaren Umgebung zu erhalten (ebd.).

Besonders interessant ist, dass Migrationsbewegungen innerhalb der Stadt in die am stärksten betroffenen Gebiete, die Industriegebiete, stattfinden. Es gibt Zuzug aus dem Umland genau in die Küstengefährdeten Gebiete, was damit zu erklären ist, dass dort die Arbeitsplätze der Menschen liegen. Die Nähe zum Arbeitsplatz scheint für die Menschen also deutlich wichtiger zu sein, als eine Sicherheit vor Küstennaturgefahren (HILLMANN & ZIEGELMAYER 2016).

Die finanziellen Möglichkeiten und die Bezahlbarkeit sind weitere Gründe, weshalb Menschen in ihren Wohnorten verbleiben. Rückzug wird von der Mehrzahl der Bewohner also nicht als Option angesehen.

Die Frage ist, sind Menschen in der Lage sich zu schützen und wenn ja, wie?

4.2. Schutz

Die Flutlevels sind in der Regel recht niedrig. Es handelt sich um Fluten, die sehr häufig auftreten, die eine hohe Frequenz aber eine niedrige Intensität haben. Die betroffene Bevölkerung behilft sich meist mit einfachen Schutzmaßnahmen. Häufig wird mit staatlicher Unterstützung eine Straßenerhöhung vorgenommen. Daran beteiligen sich die Bewohner auch aktiv, denn dies sorgt dafür, dass das Viertel weiter zugänglich bleibt und die Menschen ihre Arbeitsplätze erreichen können. In der Regel werden die Straßen alle 4-5 Jahre um 10-20 cm erhöht (ABIDIN et al. 2010: 2-3). Infolgedessen sind die Bewohner jedoch mehr oder weniger gezwungen ihre Häuser ebenfalls zu erhöhen, andernfalls würde das abfließende Wasser der Straßen direkt in ihre Wohnungen hineinfließen.

Eine weitere Maßnahme ist die Mangrovenpflanzung als natürlicher Schutz. In diesen Gebieten ist dies eine sehr effektive Maßnahme, denn die Subsidenz macht es schwierig einen Bauschutz zu erlangen. Eine schwere Deichmauer würde nach und nach einsinken und müsste immer wieder erneuert oder erhöht werden, was das Absinken weiter verstärken würde. Mit Mangroven erzielt man hingegen einen effektiven Küstenschutz, der auch im Hinblick auf Tsunamis Schutz bietet.

Viertel mit entsprechenden finanziellen Möglichkeiten installieren Pumpstationen. Aber auch kleine Maßnahmen, wie eine Mauer aus Sandsäcken, eine Erhöhung der Türschwelle, oder eine Gebäudeerhöhung sind kurzfristig gegen Hochwasser wirksam.

In ihrem Alltag helfen sich die Menschen jedoch mit ganz simplen Dingen, wie in einem Bett schlafen anstatt auf dem Fußboden, oder elektronische Geräte in ein Regal stellen.

Das Problem der Subsidenz liegt vor allem darin, dass alle diese Maßnahmen ständig wiederholt werden müssen. Die Menschen fühlen sich häufig als wären sie Mieter in ihrem eigenen Haus, denn sie müssen jeden Monat Geld zurücklegen um immer wieder für Gebäudeerhöhungen und Schutzmaßnahmen zu bezahlen. Dieses Geld fehlt dann für andere Anschaffungen, Investitionen, Bildung usw. Eine Gebäudeerhöhung kostet im Schnitt ca. 11 000 000 IDR (ca. 700 €) (BOTT 2018: 7).

Trotz vielfältiger Schutzmaßnahmen dringt das Wasser weiterhin in Straßen und Wohngebiete und verursacht große Schäden in den betroffenen Gebieten. Über die Hälfte der befragten Haushalte berichtete von Krankheiten, die im Zusammenhang mit der anhaltenden Nässe in den Wohnungen stehen (ebd.).

4.3 Leben mit dem Risiko

Entscheidend dafür, dass Menschen in der Lage sind das Risiko in ihren Alltag zu integrieren, ist die Risikowahrnehmung. Wenn ein Event über einen langen Zeitraum, schleichend und immer wieder wahrgenommen wird, wird es häufig Teil der ganz normalen Umweltwahrnehmung und gar nicht mehr ein Problem. Als einzige offene Frage wurde imn den Fragebögen gefragt, von welchem Event der Haushalt in den letzten fünf Jahren negativ betroffen war. 61% nannten die Fluten als negatives Event. Nur 14% gaben Subsidenz als negatives Ereignis an. Schlussfolgernd lässt feststellen, dass die Überflutungen zwar durchaus als Problem wahrgenommen, sie aber als handelbar eingeschätzt werden. Interessant ist die Wahrnehmung zur Subsidenz. Diese wird von den Betroffenen als „Natürliches" oder „Gottgegebenes" interpretiert (ebd). Die Bevölkerung scheint die Überflutungen als zunehmend „normales" Phänomen wahrzunehmen mit dem es zu leben gilt.

Als dritte Anpassungsstrategie ist daher das Leben mit dem Risiko zu nennen. Gerade die Menschen im Globalen Süden haben in der Regel weder die finanziellen Mittel, noch das Know-how effektive und langfristige Schutzmaßnahmen vorzunehmen. Oftmals besteht auch nicht die Möglichkeit oder der Wunsch die Heimat zu verlassen.

Grundsätzlich kann man Kapitalformen und Ressourcen unterscheiden in finanzielles Kapital (das Einkommen), was in diesen Gemeinden eher wenig vorhanden ist, Humankapital (Bildung), physisches Kapital (der Besitz eines Gebäudes oder Landes) und das Sozialkapital. Dazu zählen die Ressourcen zu denen Menschen Zugang haben dadurch, dass sie Mitglied in einer Sozialen Gruppe / in einem sozialen Netzwerk sind. (Hilfe, Informationsaustausch usw.). Diese gegenseitige Unterstützung basiert auf Vertrauen und Gegenseitigkeit. Man kann auch von Freundschaftsdiensten sprechen, denn das Gegenüber wird für seine Hilfe nicht bezahlt. Das soziale Netzwerk ersetzt in extrem isolierten und abgekoppelten Gebieten häufig staatliche Bank- und Versicherungssysteme. Die Haushalte in der Nachbarschaft helfen sich so gegenseitig (vgl. ADGER 2003).

In Semarang basieren die Anpassungsstrategien sehr stark auf dem Sozialkapital. Es gibt sogenannte Gender getrennte Meetings, die wöchentlich bis monatlich stattfinden. Dort werden alle möglichen Themen des Alltags diskutiert. Männer sprechen häufig über Dinge wie Straßenerhöhungen, Deichreparaturen oder die Sicherheit des Viertels. Frauen reden häufig über Festlichkeiten die im Ort ausgerichtet werden, oder über den Impfschutz oder die Ausbildung ihrer Kinder. Diese Meetings können als soziale Grundpfeiler dieser Viertel verstanden werden, der auch in jeder Krisensituation aktiviert werden kann. Zudem werden Spenden gesammelt, welche in Notsituationen als Leihgabe vergeben werden können. Damit schafft sich die Nachbarschaft ein informelles Versicherungssystem. Die Teilnahme an diesen Meetings ist sehr hoch. Über 80% der Bewohner nehmen an den Treffen teil, was allerdings auch damit zusammenhängen mag, dass Bewohner die keine Mitglieder der Gruppe sind, auch keine Unterstützung erwarten können (BOTT 2018: 7).

5. Räumliche Unterschiede

In der Stadt Semarang sind in Bezug auf Anpassungsstrategien räumliche Unterschiede festzustellen. Im Osten lebt, wie bereits erwähnt, eine recht arme isolierte Bevölkerung. Sie lebt abgekoppelt vom Informationsfluss und von Kontakten zur Regierung. Die Straßen der dort lebenden Bevölkerung sind nahezu täglich überflutet, da keine ausreichenden Flutschutzsysteme vorhanden sind. Die Menschen dort verfügen jedoch über das höchste Sozialkapital und arbeiten am stärksten zusammen.

Im Zentrum lebt eine Mittelschicht Bevölkerung, die ganz gut vernetzt ist. Diese Viertel waren in der Lage gemeinschaftlich Pumpensysteme zu installieren. Sie hatten genügend Kapital, sie waren besser Vernetzt und hatten das Know-how von außen.

Besonders interessant sind die Gebiete im Nordwesten. Dort gibt es auch sehr arme Viertel, die aber über einige Schlüsselakteure Kontakte zur Regierung und zu NGO's herstellen konnten. Diese Soziale Vernetztheit erklärt einige Unterschiede, die man in den Anpassungsstrategien beobachten kann. Sie haben es geschafft das Know-how von Universitäten zu bekommen, die Finanzierung vom Staat und die Hilfe von NGO's. Durch ein großes Mangrovenaufpflanzungsprojekt konnten die Überflutungen in diesem Bereich reduziert werden. Das Projekt wurde aus der Gemeinde induziert, durch Hilfe von außen unterstützt und in aktiver Zusammenarbeit mit der Bevölkerung vor Ort umgesetzt.

6. Fazit

Die Themen Rückzug, Flüchtlingsmigration, oder große Bauprojekte zum Schutz (wie dem großen Garuda), werden zum Teil medial verbreitet und gewinnen so größere Aufmerksamkeit. Wie es jedoch den einzelnen Haushalten in den Risikogebieten ergeht, darüber gibt es nur wenig Forschung und nur wenig dringt nach außen in die Öffentlichkeit.

Insgesamt kann man sagen, dass die Menschen in Semarang trotz der Risiken, zum jetzigen Zeitpunkt und aus ihrer Sicht, relativ gut angepasst sind. Sie müssen zwar ihre Gebäude erhöhen und es gibt sehr häufige Überflutungen, aber sie sind in der Lage damit zu leben und ihren jetzigen Lebensstand zu erhalten.

Dieser Zustand kann allerdings keine Lösung auf lange Sicht sein. Es handelt sich bei den Aussagen der Bewohner viel mehr um ihre individuelle subjektive Wahrnehmung, die aus rationaler Sicht nicht vertretbar scheint. Die Überflutungen schränken die Menschen nicht nut physisch, sondern auch ökonomisch und gesundheitlich ein. Das krampfhafte Festhalten an ihre jetzigen Wohnstandorte ist womöglich darauf zurückzuführen, dass den Menschen alternative Perspektiven und effektive Unterstützung fehlen. Sie scheinen keine andere Möglichkeit zu sehen, als sich mit ihrer Situation zu arrangieren und in eigeninitiative Anpassungsstrategien gegenüber Gezeitenhochwasser zu entwickeln.

Sollte es in Zukunft doch zu einem absoluten Meeresspiegelanstieg kommen, was nicht ausgeschlossen ist und was einige Prognosen vorhersagen, lägen die meisten Bereiche der Stadt permanent unter Wasser (vgl. NEREM et al. 2018). Die fortschreitende Landsenkung würde vermutlich noch gravierendere Folgen mit sich bringen als dies bisher schon der Fall ist (ABIDIN et al 2013).

Die Anpassungsfähigkeit der Bevölkerung in Zukunft ist daher infrage zu stellen. Dringend erforderlich sind meiner Meinung nach verstärkte staatliche Maßnahmen und bessere Vernetzungen zu bisher isolierten Bevölkerungsgruppen. Die Regierung muss Verantwortung für die Überschwemmungsproblematik in den Risikogebieten übernehmen und eine effektive Stadtplanung aufstellen, die Hochwasserschutzmaßnahmen für den gesamten Risikoraum entwickelt. Außerdem sollte die Bevölkerung mit ihren Problemen und Sorgen nicht alleine gelassen werden und Unterstützung bei der Umsiedlung oder Selbsthilfe erhalten. Möglicherweise ist eine Zwangsumsiedlung zum Schutz der Bevölkerung in sichere, küstenentfernte Gebiete nicht zu umgehen.

Literaturverzeichnis

Abidin, H.Z., Heri, A., Gumilar, I., Sidiq, T.P., Gamal, M., Murdohardono, D., Supriyadi, Fukuda, Y., 2010. Studying Land Subsidence in Semarang (Indonesia) Using Geodetic Methods. FIG Congress 2010: Facing the Challenges – Building the Capacity, April 11-16, 2010, Sydney, Australia.

Abidin, H. Z., Andreas, H., Gumilar, I., Sidiq, T. P., Fukuda, Y. 2013. Land subsidence in coastal city of Semarang (Indonesia): characteristics, impacts and causes. Geomatics, Natural Hazards and Risks. 4 (3), 226-240.

Adger, N. 2003. Social Capital, Collective Action, and Adaption tp Climate Change. Economic Geography 79 (4), 387-404.

Bohle, H.-G., Glade, T. 2008. Vulnerabilitätskonzepte in Sozial- und Naturwissenschaften. In: Felgentreff, C., Glade, T. Naturrisiken und Sozialkatastrophen. Berlin, Heidelberg, 435-441.

Bott, L-M., Illigner, J. Marfai, M. A., Schöne, T., Braun, B. 2018. Meeresspiegelanstieg und Überschwemmungen an der Nordküste Zentraljavas. Physische Ursachen und soziale Anpassungsmaßnahmen. Geographische Rundschau. 4, 4-9.

Garschagen, H., 2014. Risky Change? Vulnerability and Adaption between Climate Change and Transformation Dynamics in Can Tho City, Vietnam. Franz Steiner Verlag, Stuttgart.

Garschagen, M., Surtiari, G. 2018. Hochwasser in Jakarta. Zwischen steigendem Risiko und umstrittenen Anpassungsmaßnahmen. In: Geographische Rundschau. 70 (4), 10-15

Hallegatte, S. 2014. Natural Disasters and Climate Change. An Economic Perspective. Cham, Heidelberg.

Handayani, W., Rudiarto, I. 2014. Dynamics of Urban Growth in Semarang Metropolitan – Central Java: An Examination Based on Built-Up Area and Population Change. Journal of Geography and Geology. 6 (4), 80-87.

Harwitasari, D., von Ast, J. A. 2011. Climate change adaption in practice: people´s responses to tidal flooding in Semarang, Indonesia. Journal of Flood Risk Management 4 (3), 1-18.

Hill, H., Vidyattama, Y. 2016. Regional development dynamics in Indonesia before and after the "big bang" decentralization. In: Singapore Economic Reviwe. 61 (1), 1640027 1-26.

Marafai, M. A., King, L. 2008. Potential vulnerability implications of coastal inundation due to sea level rise for coastal zone of Semarang city, Indonesia. Environmental Geology 54 (6), 1235-1245.

Nerem, R. S., Beckley, B. D., Fasulla, B. D., Hamlington, B. D., Masters, D., Mtichum, G. T. 2018. Climate-change-driven accelerated sealevel rise detected in the altimeter era. PNAS Latest Articles (www.pnas.org/cgi/doi/10.1073/pnas.1717312115, zuletzt aufgerufen am 30.06.2018).

Neise, T., Diez, J. 2018. Überschwemmung und Regionalentwicklung. Die Rolle von Industriebetrieben in Jakarta und Semarang. In: Geographische Rundschau. 70 (4), 16-21.

Yamashita, A. 2014. Aspects of water environmental issues in Jakarta due its rapit urbanization. In: Tsukuba geoenvironmental sciences. 10, 43-50.